Médaille agricole en argent
de première classe

Mer 1861

LE PRÉSERVATEUR
DE LA
MALADIE DU SANG
DES BESTIAUX
(Dite Maladie charbonneuse)

OU LA

FORTUNE DES CULTIVATEURS

PAR

FONTAINE-MAUDHUY

Prix : 1 franc.

BLOIS
J. MARCHAND, IMPRIMEUR-ÉDITEUR
2, RUE HAUTE, 2.

1870.

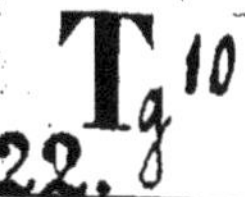

LE PRÉSERVATEUR

DE LA

MALADIE DU SANG

DES BESTIAUX

(Dite Maladie charbonneuse).

CHAPITRE PREMIER

PRÉLIMINAIRES

1° Quelles sont les causes de la maladie du sang des bestiaux dite *maladie charbonneuse?*

2° Peut-on la guérir ?

3° Peut-on prévenir cette maladie ?

Trois questions de haute importance et délicates à résoudre, puisqu'on n'est pas encore parvenu, après bien des recherches, à guérir ou même à atténuer cette terrible maladie, qui afflige si malheureusement les cultivateurs de nos plus riches contrées agricoles.

Dans un temps où les bestiaux allaient paître pendant l'été sur les prés naturels, dans les bois, sur les friches, le long des fossés, sur le bord des rivières et des étangs, dans les marécages, sur les champs après les récoltes, dans les jachères labourées, et que pendant l'hiver, leur nourriture se composaient simplement de paille de froment, de seigle, d'avoine et d'orge, de sainfoin de prés naturels, un peu de vesce d'hiver non platrée; de feuilles d'arbres sèches, de l'avoine mélangée avec les balles de blé, et autres nourritures saines et succulentes, cette maladie était inconnue en France; elle a commencé son ravage avec l'amendement forcé des terres par le plâtre (1) et autres stimulants, sur les prairies artificielles.

Depuis cette époque, la calamité a toujours grandi en paralysant au plus haut degré, la branche la plus importante, la plus riche et la plus nécessaire de notre agriculture.

Combien de propriétaires, de cultivateurs se sont vus dépouillés, en moins d'un mois, de la presque totalité de leurs riches troupeaux !

Combien d'étables remplies de nombreuses vaches, de belles génisses se sont trouvées vides en quelques jours !

Combien de petits prolétaires possédant une ou deux vaches, les ont perdues en quelques heures !

---

(1) L'usage du plâtre n'est pas ancien en agriculture, il n'a commencé à se répandre que depuis les expériences du pasteur Meyer, qui les publia en 1765 et années suivantes. Son emploi se répandit, à dater de cette époque, en Allemagne, pénétra en Suisse et en France vers la fin du XVIIIe siècle.

digestion au lieu de l'activer : c'est encore là une des causes graves de la maladie du sang.

J'engage les cultivateurs qui se trouvent dans cette catégorie de faire curer leur puits de temps en temps, d'y mettre une couche de 2 à 3 décimètres de jar pris à la Loire, et d'en faire autant dans les vases où ils font boire leurs bestiaux.

Les pâturages après les récoltes sont presque toujours secs et peu nutritifs ; dans les jachères, on ne retrouve plus ceux qui faisaient autrefois les délices des troupeaux en leur servant à la fois de bonne nourriture et de médecine.

Les bergers, dans la Beauce, ont encore la mauvaise coutume de faire paître leurs moutons dans les chaumes de blé, aussitôt après l'enlèvement des gerbes ; ils ont bien de la peine à attendre le délai voulu par les règlements de la police : c'est compromettre gravement la santé des troupeaux. Ils devraient toujours attendre que les épis cassés, aient reçu l'influence de quelques rosées, afin de leur enlever leur dangereuse fermentation ; mais ils peuvent faire pacager de suite sans inconvénient dans les chaumes d'orge et d'avoine, car il est rare que l'enlèvement de ces récoltes se fasse avant les premières pluies de septembre.

En été, comme en hiver, pour obtenir un bon résultat de *stabulation*, pour conserver la santé des animaux, on fera bien de mettre quelques gouttes d'eau légèrement salée, sur toutes les bottes de prairies artificielles sèches, de quelque nature qu'elles soient, dix minutes ou un quart d'heure avant de les étendre dans les rateliers.

La nourriture sèche ainsi préparée, favorise la digestion et provoque l'appétit, empêche les maladies funestes et principalement la maladie charbonneuse qui fait mourir les animaux malgré tous les secours de l'art.

On sait que chez l'homme dans son état normal, le sang ne met que trente secondes à aller de la plante des pieds au cœur; il en est de même approximativement des bestiaux, et quand la maladie est arrivée à son plus haut degré, c'est-à-dire quand le sang est entièrement dégénéré, épais, noir, charbonné par suite des aliments trop excitants, des eaux altérées et croupies, tels que jus de fumier, mauvaises mares ou quelquefois mauvais puits, il ne peut plus circuler dans les veines, il se concentre au cœur, gonfle la rate et étouffe l'animal sans secousse et presque sans plainte.

On a vu bien des fois des bouviers et des filles de basse-cour, aller le matin, pour traire leur vaches, en trouver une, quelquefois deux de mortes, la tête penchée à gauche, et couchées comme si elles n'avaient jamais été malades.

Le commencement de la maladie, c'est-à-dire de la décomposition du sang, commence une vingtaine de jours avant la mort, mais les symptômes ne se manifestent que douze heures, et même souvent que six heures avant que l'animal succombe.

Il devient alors inquiet, sot, paraît étourdi, bat du

température égale à celle du corps, et d'une pesanteur spécifique un peu supérieure à celle de l'eau; il est contenu dans le cœur, dans les artères et dans les veines.

Les artères sont les vaisseaux qui transportent le sang des ventricules du cœur dans toutes les parties du corps.

Les veines sont les vaisseaux qui rapportent le sang de toutes les parties du corps au cœur.

Le sang n'a ni les mêmes propriétés physiques, ni les mêmes propriétés vitales dans les deux divisions de l'appareil vasculaire sanguin.

Le sang artériel est d'un rouge vif et plus chaud que le sang veineux, qui a une couleur brunâtre ; le premier apporte dans les organes les matériaux de nutrition et de sécrétion ; le second en charie le résidu, avec de nouveaux matériaux réparateurs, parmi lesquels se trouve en première ligne le CHYLE.

Le CHYLE est un suc blanchâtre qui, pendant la digestion, se forme des aliments et se mêle au sang.

J'en conclus donc que, si les aliments sont sains et rafraîchissants, le CHYLE ou suc nutritif sera favorable à l'état sanitaire des bestiaux.

Si au contraire les aliments sont mauvais, échauffants par suite des causes que nous verrons plus loin, le CHYLE ou suc nutritif provenant de ces mauvais aliments, décomposera le sang, en passant dans tous les vaisseaux chylifères, déterminera la maladie de l'animal, et bientôt après sa mort.

Au commencement du siècle actuel, beaucoup de

terres étaient encore vierges: l'agriculture se faisait tout simplement, à quelques exceptions près, comme au temps des Gaules, le sol était régulièrement réglé tous les trois ans, blé, avoine et jachères; quelques champs de sainfoin, de vesce d'hiver, un peu de luzerne dans les jardins, tel était l'état de l'agriculture de l'époque.

Tous les produits des récoltes étaient bons, les pailles et les herbes naturelles saines et douces, les pâturages dans les sillons, gras et bienfaisants; dans les jachères, croissait une quantité d'herbes tendres, rafraîchissantes et purgatives; les bestiaux étaient frais et bien portants.

Aujourd'hui l'effet est contraire, l'agriculture étant arrivée par la force des choses à son apogée; ses produits, par suite de l'abondance des engrais, sont bien moins nourrissants; le plâtre étendu, en trop grande quantité, sur les prairies artificielles, les rend trop actives, moins succulentes, et beaucoup trop échauffantes, de là une des causes de la maladie du sang.

Dans beaucoup de fermes, et même chez la petite culture, on fait boire malheureusement les bestiaux à des mares insalubres qui ont pour source le jus de fumier; ensuite bien des puits peu profonds sont encore placés près de ces mares et fumiers, et sont alimentés par leurs eaux croupissantes. Ces eaux corrompues, molles, contiennent en principe des éléments qui, mêlés au régime actuel de nourriture, retardent la

Propriétaires et cultivateurs, c'est à vous que je viens m'adresser pour mettre un terme à de si cruels désastres : une longue pratique, de sérieuses réflexions, des autopsies pratiquées sur les animaux et principalement sur la rate et le cœur, siége de la maladie, des analyses fréquentes du sang charbonné m'ont mis à même de vous donner aujourd'hui des conseils mûris par une expérience de 30 années et des pertes que j'ai moi même essuyées. Je vais donc tâcher de vous aider à prévenir cette maladie en vous en développant toutes les phases et en résumant les trois questions que j'ai posées plus haut.

PREMIÈRE QUESTION

Quelles sont les causes de la maladie du sang des bestiaux?

On appelle causes tout ce qui produit ou concourt à produire les maladies.

J'en admets de trois sortes :

1° Les CAUSES DÉTERMINANTES ;

2° Les CAUSES PRÉDISPOSANTES ;

3° Les CAUSES OCCASIONNELLES.

I. — Les CAUSES DÉTERMINANTES, sont celles qui occasionnent la maladie, comme le feu, qui occasionne la brûlure ; la piqûre de mouche, une inflammation ; le venin de certains animaux ou de certaines plantes, des empoisonnements etc.

Les causes sont contagieuses quand elles peuvent se transmettre d'un animal malade aux animaux sains qui ont des rapports avec lui. La manière dont la transmission s'opère m'est inconnue ; il est propable qu'elle a lieu par l'air, par le moyen d'un agent matériel qu'on nomme *virus*, ou par le contact avec le corps de l'animal.

II. — Les CAUSES PRÉDISPOSANTES agissent à la longue en préparant le corps à telle ou telle maladie. Ainsi, l'exposition habituelle à l'air chaud et humide prédispose les animaux aux maladies charbonneuses; l'exposition à un air froid et humide prédispose à d'autres maladies.

III. — Les CAUSES OCCASIONNELLES ne font que provoquer le développement d'une maladie à laquelle l'animal était prédisposé. Ainsi, un régime de nourriture mal sain et échauffant détermine rapidement la maladie du sang et par suite la mort.

Du Sang.

Avant d'arriver aux circonstances des faits matériels, j'ai pensé qu'il était utile de faire un examen sur le sang, et sa composition dans les vaisseaux.

Le sang, dans son état normal, est un fluide rouge d'un toucher visqueux, d'une saveur salée, d'une chaleurs et des sécheresses prolongées ; il a donc fallu trouver un moyen d'obvier à ce grave inconvénient ; c'est là le but de mon travail qui sera, je n'en doute pas, accueilli avec intérêt par tous les possesseurs de bestiaux.

Si le Créateur a mis toutes les plantes à la disposition de l'homme pour s'en servir en médecine, il a aussi donné l'instinct aux animaux pour se guérir eux-mêmes.

Pline l'Ancien, célèbre naturaliste romain, dit dans son *Encyclopédie d'histoire naturelle* que toute la médecine nous vient des bêtes.

En effet, nous voyons tous les jours le chien se purger avec une plante qu'il coupe soigneusement avec ses dents : de là, le nom de chien-dent.

Si le cheval, le bœuf sont malades, mettez-les paître en liberté le jour et la nuit, dans les prairies naturelles ou dans les bois, ils trouveront eux-mêmes les plantes propres à leur guérison.

La vertu du dictame, plante aromatique et vulnéraire, a été découverte par les cerfs.

Dans un temps, les brebis trouvaient dans les jachères labourées des herbes délibitantes, sucrées et purgatives, elles étaient recherchées avec avidité.

Les tourterelles, les perdrix, les merles, bêtes prudentes, se purgent une fois l'an avec des feuilles de laurier.

Le sanglier malade du sang, se guérit avec la sève d'érable, recette si utile aux sanguins, puisqu'elle a la propriété de diminuer le sang pour un tiers, c'est-à-dire, en buvant trois décilitres de cette sève, le sang diminuera proportionnellement pour un tiers (1).

La chèvre, sujette à la vue trouble, s'appuie contre une épine pour se pratiquer elle-même la saignée.

Les hirondelles ont aussi découvert la recette du chélidoine contre le mal aux yeux.

Nous voyons par là que, souvent avec de simples moyens, on parvient très facilement à la préservation de beaucoup de maladies ; mais ici, me conformant à mon traité, je ne parlerai que de celle qui en fait le sujet, et en suivant les recettes particulières à chaque espèce de bestiaux : le seul moyen de les sauver de la maladie sera, je l'espère, prise en considération par la science et par la haute agriculture.

Dans beaucoup de contrées, chez plusieurs cultivateurs, j'ai trouvé avec plaisir une mesure sanitaire, c'est celle de mettre quelques boucs et quelques chèvres parmi les troupeaux et dans les étables ; c'est qu'en effet, les boucs et les chèvres ont la propriété d'exhaler une odeur forte et désagréable à l'odorat, mais très utile comme hygiène ; elle assainit, elle purifie l'air de la bergerie et de la vacherie ; le bouc, par son contact, attire l'humeur impure, et peut

---

(1) Pour avoir cette sève que je conseille aux sanguins d'utiliser, ou ceux qui ont des démangeaisons sur le corps, boutons de feu, etc, il faut pendant le mois de mai, faire un trou dans la terre au pied d'un érable, y déposer un vase, ensuite percer un autre trou dans l'écorce de l'arbre au haut de la racine et au dessus du vase, y adapter un brin de paille de 25 à 30 centimères, et la sève coulera jour et nuit dans le vase.

après je lève les couvertures, les deux de dessous étaient trempées de sueur, une fumée épaisse sortait de tous les pores de la génisse, et elle fut sauvée.

TROISIÈME QUESTION.

Peut-on prévenir la maladie ?

Avant d'écrire mon Mémoire, j'ai parcouru les écuries, les étables et les bergeries de la Beauce, de la Brie et du Berry. J'ai fait une excursion dans plusieurs contrées de la Bretagne, j'ai étudié la température atmosphérique de chaque pays, j'ai examiné la nature et la santé des chevaux, des vaches, des moutons et des chèvres, des terrains secs, demi-secs et humides, j'ai analysé les prairies naturelles et artificelles de toute nature et de chaque localité, les fourrages plâtrés et non plâtrés, en un mot, j'ai étudié l'état général de l'agriculture en France.

Je me suis transporté sur les lieux où sévissait la maladie avec une rapidité effroyable, au grand domaine de Conan (Loir-et-Cher), par exemple, exploité par les époux Batteux, dont la perte de leurs bestiaux a été évaluée authentiquement à 20,000 francs, pendant les années 1868 et 1869 ; et là, j'ai examiné scrupuleusement les chevaux, les vaches et les moutons; l'état des bâtiments, l'ensemble de l'agriculture, l'atmosphère, j'ai analysé l'eau du puits et les eaux croupissantes.

Enfin, j'ai consulté, étudié et recueilli des notes dans les mémoires des hommes de science expérimentés dans l'art vétérinaire, tels que M. Yvart, ancien directeur de l'école vétérinaire d'Alfort, de M. Renault, ancien professeur à la même école et de M. Bouley, ancien vétérinaire à Paris.

D'après mes calculs les plus minutieux, c'est la Beauce qui a le plus souffert de la maladie du sang de ses bestiaux ; la Brie vient la deuxième ; le Berry, dont le plateau est formé de demi-boules, dont le terrain n'est ni trop sec, ni trop humide, ne vient qu'en troisième lieu. Enfin, dans les hauts départements de la Bretagne, les cas sont rares en comparaison de ces trois contrées ; dans ceux du Finistère, du Morbihan ; surtout dans celui des Landes où l'agriculture est encore à l'état de naissance, la température moyenne, les terrains marécageux, et où les bergers sont montés sur des échasses (1) pour garder leurs bestiaux, la maladie est inconnue.

Il est facile, par cette échelle, de voir que la décomposition du sang formant la maladie charbonneuse, n'est due qu'à l'influence d'une nourriture trop substantielle, trop active et trop échauffante, par suite du régime actuel de l'agriculture, des grandes

---

(1) Long bâton à étrier qu'on adapte au pied pour marcher dans les sables, dans les landes et dans les marécages.

flanc, il chancelle, trébuche, ouvre la bouche, écume, rend quelquefois du sang par le fondement ; si c'est une vache à lait, plus rien dans ses mamelles; bientôt il tombe à la renverse, tourne sans cesse la tête du côté du cœur, râle et meurt dans le court espace d'une heure, d'une demi-heure et même de quelques instants.

DEUXIÈME QUESTION.

Peut-on la guérir !

La maladie du sang est apoplectique, remarquable par la rapidité de sa marche, par la promptitude avec laquelle elle frappe de mort les bestiaux qui en sont atteints.

Rien ne peut faire prévoir qu'un animal va être frappé de cette terrible affection ; il paraît jouir d'une santé parfaite et tout d'un coup, le voilà malade et la mort arrive aussitôt.

Bien des fois, pour m'assurer des principes de la maladie, j'ai fait l'autopsie de tout le corps, qui ne tarde pas à se gonfler et à se tuméfier : on voit tous les vaisseaux de la peau injectés, les chairs violettes, la rate volumineuse et gorgée de mauvais sang ; le cœur rempli d'un sang épais, noir et décomposé.

J'ai remarqué que la maladie sévissait surtout dans

les mois de juin, juillet, août et septembre ; la mortalité est aussi plus commune dans les années sèches et pendant les orages ; elle se ralentit pendant les temps frais et après la pluie ; elle sévit sur les animaux en bon état, et surtout sur les génisses de un ans à deux ans ; il est rare qu'on puisse les sauver.

Il n'y a rien à attendre d'une bête qui tombe de la maladie du sang, dite maladie charbonneuse ; tout remède est inutile, car la maladie est inévitablement mortelle.

Saigner l'animal, c'est avancer la mort ; faire avaler à l'animal un litre de vin blanc, ou une fiole d'éther, lui mettre dans la bouche un baillon de genet, de houe ou de genièvre, tous les remèdes resteront impuissants ; le moyen le plus salutaire, c'est de séparer le malade des autres et de le mener mourir au loin, hors l'étable et la bergerie, afin d'empêcher la corruption de l'air et par conséquent la contagion.

Cependant, il n'y a pas de règle sans exception, dit le proverbe, on peut toujours essayer la guérison, car où il y a de la vie, il y a de l'espérance.

Voici une épreuve qui m'a parfaitement réussi : Une de mes vaches, génisse de 2 ans, tombe malade avec tous les symptômes de la maladie du sang, je la couvre de suite avec quatre couvertures en laine, ensuite je fais chauffer une tuile au rouge, je la pose par terre sous le nez de la bête, je verse une pincée de poivre et un peu de vinaigre, pour lui vaporiser légèrement les narines et les oreilles, quinze minutes préserer les bestiaux de nombreuses maladies. Je conseille à tous les propriétaires d'en faire autant.

Les animaux, outre la nourriture, ont besoin, comme les plantes, d'air, d'humidité, de chaleur et de lumière, un air pur est la première condition d'existence pour eux.

Les cultivateurs ne sont pas assez persuadés du mal qu'ils font à leurs bestiaux en les tenant renfermés dans des écuries, des étables ou des bergeries trop étroites, privées d'air et de lumière, et remplies de gaz malsains que dégage le fumier qu'on y laisse s'accumuler ; c'est encore là une des causes de la maladie du sang, et d'autres maladies plus ou moins graves, que les cultivateurs ne savent à quoi attribuer ou qu'ils attribuaient autrefois, et attribuent malheureusement quelquefois encore, souvent à des sortiléges. J'en ai vu plusieurs se trouver dans une si déplorable situation, qu'ils se sont empressés d'aller, à ce sujet, consulter de prétendus devins.

Erreur grossière : les sortiléges n'y sont pour rien ; la seule conjuration qu'il y ait à faire contre les prétendus maléfices, c'est le soin qu'on doit apporter aux bestiaux pour la conservation de leur santé.

Déjà, dans mes tournées, j'ai trouvé des propriétaires et cultivateurs soigneux qui ont eu la bonne pensée de faire le dallage de leurs écuries et étables en pierres cassées bien menues, chaux hydraulique et ciment romain ; la pente de ce dallage est assez inclinée de haut en bas pour qu'il ne reste plus d'urine sous les bestiaux : un canal à l'extrémité la conduit jusque dans la cour à fumier.

Cette mesure sanitaire empêche la corruption de l'air, l'échauffement des animaux et préserve bien des maladies.

Le maître Salmon, propriétaire du domaine des Ouchettes, canton de Marchenoir (Loir-et-Cher), a adopté cette mesure depuis assez longtemps et ses bestiaux sont bien portants.

J'ai soigné pendant onze ans, comme berger, les premiers et les plus importants troupeaux de la Beauce, tous les jours je visitais les écuries et les étables et quand je trouvais l'air lourd et empesté, je n'avais rien de plus pressé que de le purifier : je suivais simplement en cela la méthode suivante de Guyton Morveau, célèbre chimiste, ancien membre de l'Assemblée nationale : En l'absence du bétail, je prenais un vase dans lequel je mettais une poignée ou deux de sel, je versais de l'acide sulfurique sur ce sel, et je me tenais assez éloigné à cause du dégagement qui a lieu instantanément et avec force, je bouchais toutes les issues, quinze minutes après je faisais rentrer le bétail et j'obtenais ainsi le meilleur résultat.

Voici encore une autre opération très salutaire, et bien simple à la portée de tout le monde, pour purifier l'air des écuries, des vacheries et même des bergeries :

On pose une grande casserole dans un des coins du bâtiment, on y verse une ou deux pellées de charbons de feu ou de cendres rouges, on remplit le vase de branches vertes de genièvre ou de genet, on bouche également toutes les issues et l'opération qui devra être surveillée à cause du feu, ayant été prolongée pendant une demi-heure, on peut ouvrir ensuite et faire rentrer son bétail. Il est bien entendu que le geniève ne devra jamais donner que de la fumée.

Deux fois par mois, pendant la stabulation, je faisais une de ces opérations et mon bétail se portait bien; je n'avais aucune perte à déplorer.

CHAPITRE II

DE LA PROPRIÉTÉ DU SEL SUR LA MALADIE DES BESTIAUX.

Tous les animaux domestiques, mais surtout les ruminants, recherchent le sel avec avidité. Cette circonstance seule doit déjà nous prouver qu'il leur est bon : il favorise la digestion et provoque l'appétit ; il est surtout utile lorsqu'on donne des aliments lourds et malsains, il purifie le sang.

Cependant, il faut le donner en petite quantité à la fois, surtout aux animaux qui n'y sont pas habitués. De tout temps les nations les plus avancées en agriculture ont constaté, par expérience, que le sel est partout considéré comme le préservatif contre les maladies en général, et surtout contre la pourriture des moutons et contre les maladies de l'atonie des voies digestives.

DE LA VISITE DES BESTIAUX.

Je ne conseille pas aux cultivateurs d'attendre l'avertissement que donne un premier accident de la maladie du sang, pour soumettre les bestiaux à un traitement préservatif, il faut en faire la visite générale de temps en temps, et voir par la couleur vermeille des yeux, des lèvres et de la bouche, si les bêtes ne seraient pas à l'état de pléthore ; dans ce cas il faut, sans tarder, procéder à des rafraîchissements qui consistent en bien peu de frais et peu de soins.

Pendant huit jours, en hiver, on fera manger aux moutons, tous les matins, une provende de deux tiers de son et un tiers d'orge, ou d'avoine, mais l'orge est préférable; on y mêlera du sel égrugé dans la proportion d'un kilogramme par 100 moutons.

Le soir on leur donnera sans faute un repas de feuilles ou racines aqueuses telles que choux, carottes, navets, pommes de terre, topinambours, betteraves, etc.

On les fera boire sur l'eau blanchie avec de la farine d'orge, ou recoupe de froment. On ajoutera dans cette boisson un demi-kilogramme de sel ordinaire par 100 moutons. Demi-diète ; ne pas tenir les animaux trop chaudement dans les bergeries.

Au printemps, leur faire manger sensiblement du vert.

Même régime pour les vaches, seulement le sel sera donné par portion d'une poignée pour chaque vache et dans la proportion de quinze litres d'eau blanchie.

DES OPÉRATIONS.

On désigne ordinairement trois opérations pour les maladies des bestiaux : prévenir, pallier et guérir.

Mais, pour traiter avec les détails suffisants de toutes les opérations et maladies chirurgicales dans les animaux domestiques, il faudrait disposer d'un cadre bien autrement étendu que celui dans lequel je suis strictement obligé de me renfermer.

Mon intention, du reste, n'a pas été de faire ici un traité de médecine opératoire à l'usage des vétérinaires, mais seulement de donner à ce sujet aux cultivateurs mes notions de pratique indispensables par les malheureux temps que nous parcourons en ce qui concerne proprement la maladie du sang.

J'ai voulu faire connaître aux possesseurs de bestiaux, et rien de plus, les précautions principales qu'on doit prendre dans l'exécution d'une mesure sanitaire dans le but de faire disparaître une maladie si déplorable.

Je ne parlerai donc que de la première opération.

Prévenir veut dire empêcher le développement d'une maladie, et lorsqu'un cultivateur intelligent en connaitra bien les causes, il pourra, aux premiers symptômes, préparer le traitement sans même attendre de regrettables accidents en suivant les recettes ci-après indiquées.

RECETTES

POUR PRÉVENIR LA MALADIE DU SANG DES BESTIAUX, POUR LES CAUSES ÉLOIGNÉES.

GRANDE CULTURE

Les remèdes toniques sont adoptés pour prévenir la maladie de la décomposition du sang, affections adynamiques, gangreneuses et charbonneuses ; ils sont tous tirés des règnes végétal et minéral : les toniques végétaux sont remarquables par les principes amers qu'ils contiennent et auxquels ils doivent en grande partie leur propriété.

Ces végétaux, mêlés aux provendes et aux boissons, activent la nutrition, rendent la digestion plus complète, purifient le sang et achèvent la santé de l'animal.

Saignée générale des troupeaux par le rafraîchissement, ou Moyens de prévenir la maladie du sang.

Du premier au quatorzième jour de la lune de mars

de chaque année. — Pour prévenir la maladie du sang des bestiaux, on commencera par un régime sévère et à la demi-diète :

VACHES.

Tous les matins, pour premier repas, une provende de balles de blé, ou d'avoine, bien sassées. On y mêlera un décalitre de son et une poignée de sel égrugé pour deux vaches.

BOISSON POUR LE BŒUF :

20 litres d'eau tiède;
5 litres de farine d'orge ou recoupe ;
80 grammes de sel ordinaire;
50 grammes de poudre de baies de genièvre ;
20 grammes d'ail pilé.

BOISSON POUR LA VACHE :

15 litres d'eau tiède ;
4 litres de farine d'orge ou recoupe ;
60 grammes de sel ;
40 grammes de poudre de baies de genièvre ;
15 grammes d'ail pilé.

BOISSON POUR LA GÉNISSE

10 litres d'eau tiède ;
3 litres de farine d'orge ou recoupe ;

20 grammes de sel;
30 grammes de poudre de baies de genièvre;
10 grammes d'ail pilé.

On ajoutera dans les provendes ou boissons, deux bonnes poignées de racines toniques débilitantes et purgatives concassées, ou hachées biens menues, telles que celles de la grande gentiane, de patience, de chicorée, de fougère mâle, de bardane, d'asperges, de saponaire, de la fumeterre, de fraisiers, de polygala de Virginie, de sassafras, d'apéritives ou de guimauve coupée, ou bien encore, à défaut, deux poignées de bourgeons de sapin, de baies de genièvre, de cachou, de fleurs de houblon, etc.

Le deuxième repas se composera de pailles menues de froment ou de seigle, autant que possible fraîchement battues.

Le troisième repas se composera de feuilles ou racines aqueuses comme il est dit à la page 25, ou herbes printannières.

Le repas du soir pourra, sans inconvénient, se faire, soit avec du regain de sainfoin à deux coupes, prés naturels, ou de luzerne.

L'étable sera bien aérée, blanchie à la chaux vive, et le fumier enlevé au plus tard tous les deux jours.

Les bestiaux seront étrillés, brossés ou bouchonnés soigneusement, cette opération est une des premières conditions de leur santé.

Au bout de dix jours, on pourra donner aux bestiaux leur nourriture habituelle, mais on continuera encore la boisson du matin pendant les quatre derniers jours.

Même opération du premier au quatorzième jour de la lune de septembre, mais à cette époque les vaches allant encore pacager dans les champs et dans les prés, le régime se composera seulement pour la boisson sus-indiquée.

MOUTONS

RÉGIME POUR PRÉVENIR LA MALADIE DU SANG.

Du premier au quatorzième jour de la lune de mars : — Tous les matins à jeun, on leur donnera une légère provende, composée d'un tiers de balles de blé bien sassées, un tiers de son et un tiers d'avoine : on pourra doubler la portion des balles. Un hectolitre de son et avoine mélangés suffit pour 100 moutons.

On ajoutera dans cette provende un demi-litre de fleurs de houblon par mouton et un kilogramme de sel égrugé par 100 moutons.

Pour boisson la même que celle indiquée à la page 25.

Au repas du midi, une gerbe d'orge pour 15 moutons, étendue soigneusement dans les rateliers: l'orge en grain pour les moutons est saine et dépurative.

Le soir, pour avant-dernier repas, une bonne provende de feuilles ou racines aqueuses, telles que, carottes, pommes de terre, navets ou betteraves.

Pour dernier repas, fourragère de regain de luzerne ou trèfle.

Pour boisson, toujours eau blanchie et salée.

Tous les matins, pendant que les moutons seront dehors, on fera fumer, dans une cassolette, du genièvre ou du genet, afin de purifier l'air de la bergerie. On ne fera entrer le bétail que lorsqu'il n'y aura plus de fumée.

Du premier au quatorzième jour de la lune du mois de septembre : — Même opération, mais seulement pour la boisson, puisque les troupeaux, à cette époque, pacagent encore toute la journée.

VINAIGRE.

Plusieurs grands cultivateurs de la Beauce ont adopté l'usage du vinaigre, pendant les grandes chaleurs, en le mêlant en petite quantité à l'eau qui sert de boisson générale aux moutons.

C'est une mesure très salutaire, car l'eau crue fait beaucoup de mal aux bestiaux, surtout quand ils sont en sueur et très échauffés.

DES CHEVAUX.

La maladie du sang sévit beaucoup moins sur les

chevaux que sur les ruminants; cependant les cas sont encore trop communs, et, si elle attaque une écurie, les premières victimes seront toujours les meilleurs et les plus jeunes chevaux.

Le régime sévère à soumettre aux chevaux, pour prévenir la maladie du sang, est plus difficile que chez les vaches et les moutons, à cause de leur service journalier ; je me bornerai donc à dire ceci :

Les faire visiter au moins deux fois l'année, en mars et en septembre, par un vétérinaire expérimenté, qui constatera leur état sanitaire ; suivre l'avis qu'il donnera à la suite de son examen : c'est le meilleur moyen que je puisse donner à un cultivateur pour la conservation de la santé de ses chevaux.

Je citerai seulement, en passant, un exemple de régime très simple et facile à donner aux chevaux pendant leurs travaux agricoles :

1° Grande propreté dans les râteliers, dans la mangeoire et sur eux-mêmes, les croisées donnant un courant d'air devront toujours être assez élevées pour que le courant soit indirect.

2° Bonne nourriture, saine, succulente et rationnelle, sainfoin, prés naturels, vesce d'hiver, luzerne mêlée avec le sainfoin, paille de froment et de seigle.

15 litres d'avoine pour les trois repas ; barbottages de farine d'orge, de recoupe ou de son blanc, tous les jours à midi, après l'avoine, et quand les chevaux ont du rhume. Même opération pour le soir.

3° Quand la robe du cheval est mouillée par suite du travail, il ne faut pas le laisser refroidir sans le couvrir d'une mauvaise couverture en laine.

4° Enfin, enlever le fumier tous les matins; enfumer l'écurie de temps en temps, et la blanchir à la chaux vive tous les ans en février ou en mars.

En 1825, neuf bons chevaux appartenant à un des premiers agriculteurs Beaucerons, M. Thibault, fermier au domaine de Monchaud, commune de Verdes, sont tombés dangeureusement malades. M. Main, de Blois, premier artiste vétérinaire du département, fut appelé : les soins n'ont pas manqué, et les neuf chevaux ont été sauvés.

Depuis ce moment, le fermier Thibault, en suivant l'avis de l'artiste, a toujours continué de faire donner tous les jours à midi, et même le soir après l'avoine, le barbottage à ses chevaux : il commençait le 1er mars et ne finissait que le 1er novembre.

L'année suivante, il devint fermier du grand domaine de la Bouzie, dépendant du château de Menars, et pendant les trente années de son exploitation, il a suivi ce régime, et, sur 12 à 15 chevaux qu'il possédait, il n'a essuyé que des pertes peu sensibles.

PETITE CULTURE.

Beaucoup de petits propriétaires n'ayant qu'une, deux ou trois vaches, craignent aussi la maladie du sang.

Ceci se comprend, puisque très souvent leurs vaches sont toute la ressource de leur maison.

Voici un moyen très simple pour les tenir toujours

en bonne santé et les préserver de la maladie du sang : c'est de leur donner tous les matins, après le premier ou le second repas, une boisson blanchie, composée de 12 à 15 litres d'eau, un litre ou deux de farine d'orge, de recoupe ou de son blanc, une poignée de sel ordinaire pour chaque vache.

Cette dépense sera amplement dédommagée par le lait que les vaches donneront en plus, et l'on verra la vérité du proverbe : « Bien nourrir coûte, mais mal nourrir coûte encore bien davantage. »

Il est très important d'en faire autant pour les génisses qu'on élève, si l'on veut les préserver de la maladie.

CHAPITRE III

Des Maladies communes aux vaches, aux moutons et aux porcs.

DE L'AVORTEMENT DES VACHES.

L'étude des causes de l'avortement des vaches, ignorée des campagnes, est d'une haute importance, puisqu'elle trace aux cultivateurs la marche qu'ils ont à suivre pour en éviter l'influence.

Il y a neuf causes générales de l'avortement, qui sont : 1° Les années pluvieuses ; 2° une alimentation insuffisante ou de mauvaise qualité ; 3° une alimentation trop substantielle ; 4° un mâle trop fort pour les femelles ; 5° la contagion ; 6° la préparation du sol de l'étable ; 7° le saut des fossés ou des haies ; 8° la course par les chiens ; 9° enfin, quand elles sont plusieurs et qu'elles se battent ensemble.

Les rapports de ces causes à l'effet sont trop appréciables pour qu'il soit nécessaire d'entrer dans aucun détail pour les expliquer. Cependant, je dois faire observer aux cultivateurs, que les vaches doivent être traitées avec douceur après la conception, ensuite aviser à ce que le sol de l'étable ne soit pas trop incliné de devant en arrière; s'il l'était pour l'écoulement des urines, il faudrait, au moyen de la litière, en rétablir le niveau. Les mauvais traitements et l'inclinaison du sol peuvent causer l'avortement et même la chute de la matrice.

MALADIES COMMUNES AUX MOUTONS.

LE TOURNIS

(LOURD, LOURDERIE, TOURNOIEMENT).

Cette maladie, qui attaque les bêtes à cornes, mais plus particulièrement les bêtes à laine, est déterminée par la présence dans le cerveau, du cœnure cérébral (*tœnia cerebralis*), espèce de ver hydatite.

Les causes qui amènent l'apparition de ce ver vésiculeux ne me sont pas connues. Les symptômes qui en signalent la présence sont les suivants : nonchalence, lenteur dans les mouvements, tête un peu inclinée d'un côté ou de l'autre; au bout de quelques semaines, l'animal, abandonné à lui-même, dans une cour ou un pâturage, tourne en cercle du côté où sont les cœnures ; ce dernier signe est tout à fait caractéristique. Lorsque l'animal rentre à l'étable, il est rare qu'il trouve sa place. Quand la maladie est plus avancée (7 à 8 semaines) l'animal devient très faible, pousse avec la tête ou le poitrail contre les râteliers et les murs ; enfin il devient tout à fait paralysé du côté affecté, reste constamment couché, et finit par mourir si l'on ne prévient pas cette terminaison en le vendant pour les petites boucheries. Cette maladie n'attaque guère que les agneaux et les antenais.

Le traitement du tournis ne peut être efficace qu'autant qu'on extrait le cœnure qui exerce une compression sur le cerveau. On peut y parvenir à l'aide d'opérations chirurgicales qui ne peuvent être faites que par une main exercée, et dont la description ne peut trouver place ici.

L'ARAIGNÉE.

MAL DE PIS

Le nom vulgaire d'araignée a été donnée à ce mal parce qu'on s'est imaginé que la piqûre de cet insecte en était la cause, mais la malpropreté et la température trop élevée des bergeries, les nombreux coups de tête que les agneaux donnent à leurs mères en tétant, la dureté du sol sur lequel repose le parc ; les ordures et les mottes sur lesquelles ces dernières se couchent en sont les causes les plus fréquentes.

TRAITEMENT.

Lorsque l'enflure est légère et la douleur peu intense, la maladie cède facilement aux soins hygiéniques et à l'action des lotions émolientes sur les mamelles, soit avec des mauves bouillies, farine de lin ou même avec de l'eau de savon blanc.

Si les mamelles contiennent du lait, elles devront être vidées avec la plus grande attention.

Lorsque la douleur est forte et la tuméfaction intense, il faut avoir recours aux saignées, aux lotions calmantes, et aux lavements adoucissants (1).

L'araignée se guérit aussi par secret.

FOURCHET.

Le Fourchet est une maladie commune aux moutons, elle a son siége dans un canal folliculaire formé

---

(1) Deux poignées de Belladone.
Têtes de pavot, n° 4.
Eau commune, 2 litres.
Faites une décoction et employez tiède.

par un repli de la peau, et situé immédiatement entre les os des couronnes, au-dessus de la peau qui revêt le fond de la séparation des onglons. — Les causes du fourchet paraissent être tantôt une accumulation de l'humeur sébacée dans le canal du fourchet, tantôt l'introduction dans ce canal de quelques corps étrangers, tels que la boue, la terre grasse, les graviers, etc.

L'affection est d'autant plus commune, que les terrains sur lesquels pâturent les animaux sont durs et pierreux, et surtout pendant les temps humides sur les terres argileuses.

Le fourchet commence par une inflammation qui donne lieu à un gonflement plus ou moins étendu. Ce gonflement, borné d'abord à l'entre-deux des doigts, gagne peu à peu le pourtour du canal du fourchet, et finit par embrasser les couronnes et les paturons. Le mal faisant des progrès, le canal du fourchet donne écoulement à une humeur qui devient purulente et fétide, il s'engorge, s'ulcère, devient le siége d'un abcès, et s'élève entre les deux os de la couronne, comme un bourgeon de l'intérieur duquel s'échappe une matière sanieuse. Les souffrances sont alors excessives, occasionnent de la fièvre et un prompt dépérissement et empêchent les animaux de s'appuyer sur le pied malade.

TRAITEMENT.

Il varie suivant le degré de la maladie. Au début de

l'affection, l'inflammation cède quelquefois à l'extraction des corps étrangers qui sont introduits dans le canal, aux soins de propreté et aux bains de pieds tièdes. — Si cela ne suffit pas, on pratique plusieurs fois par jour, au pourtour du canal, des lotions avec de l'extrait de Saturne, étendue d'eau, ou avec une solution de couperose verte. S'il y a du gonflement et de la chaleur, on applique des cataplasmes astringents.

Si l'inflammation est forte, il est bon de faire quelques sacrifications autour de la couronne ; enfin, lorsque la force des souffrances a donné lieu à de la fièvre, il est nécessaire de faire une ou deux saignées générales. Ces moyens, bien combinés, peuvent amener la guérison en quelques semaines. Mais si la maladie n'a pas été traitée dès le principe, et que le canal du fourchet soit devenu ulcéreux, on ne peut espérer la guérison qu'en faisant l'abblation de ce canal. Cette opération ne peut être faite que par un vétérinaire.

DE LA MALADIE DU PIÉTIN.

Maladie du pied consistant dans le développement d'un ulcère qui intéresse d'abord exclusivement le sabot et altère progressivement les parties intérieures, cette affection commence par un décollement de l'ongle vers le biseau et du côté du talon. La douleur est très aiguë, les bêtes dépérissent promptement ; si plusieurs pieds sont attaqués, elles restent couchées, et continuent à manger dans cette position, jusqu'à ce qu'un traitement convenable ou la mort aient mis fin à leurs souffrances. — Les boues acres, les litières impreignées d'urine et d'excréments sont, dit-on, les causes du piétin ; la contagion paraît avoir beaucoup de part dans sa propagation. Quand une bête en est attaquée dans un troupeau, il est bien rare que l'affection ne s'étende pas à plusieurs autres bêtes.

TRAITEMENT DU PIÉTIN.

On enlève la portion de corne détachée et les chaires filandreuses, et l'on cautérise l'ulcère, soit au moyen de l'acide nitrique (eau forte), soit avec le sulfate de cuivre (vitriol bleu) réduit en poudre très fine, et appliqué sur la partie préalablement mouillée avec de la salive ou de l'eau. L'opération dont il s'agit doit être faite aussitôt que l'on s'aperçoit de l'existence du piétin ; de cette manière, on empêche les progrès de cette affection, et on obtient une guérison radicale. Si l'on attend trop tard, les désordres deviennent considérables ; l'opération alors sera beaucoup plus grave et les soins plus minutieux. Il faut entourer le pied malade d'étoupes recouvertes d'égyptiac, et renouveler le pansement tous les jours ou tous les deux jours au plus tard.

CHANCRE DE LA BOUCHE.

Le chancre est contagieux, il se montre d'abord sur la gencive inférieure, en dehors des dents, de là, il gagne promptement la gencive intérieure, et plus souvent sur le devant de la bouche que sur les côtés. Il attaque aussi la gencive supérieure et il peut s'étendre sur le palais, et même extérieurement sur le museau et sur les lèvres. Ce chancre, dont M. Morel de Vindé, a donné une bonne description, commence par une tumeur qui se gonfle promptement, et dont le sommet présente une violente inflammation et une excessive rougeur; en moins de 24 heures cette tumeur s'élargit, se creuse intérieurement, puis s'ouvre et présente une plaie profonde qui s'étend avec rapidité; les dents se déchaussent des deux côtés, et les cavités qui les logent se corrodent. On peut combattre avantageusement cette affection par la cautérisation avec l'acide nitrique (eau forte du commerce). Ce moyen, proposé par M. Morel, de Vindé, a été suivi du plus heureux succès dans une circonstance où la maladie dont il s'agit avait attaqué 32 bêtes en cinq à six jours. Le point touché avec l'acide forme une escarre qui tombe bientôt, et qui laisse le plus souvent sous elle une plaie vermeille qui ne tarde pas à se cicatriser de nouveau avec l'eau forte et continuer ainsi jusqu'à guérison parfaite; celle-ci ne se fait pas attendre plus de huit jours.

POURRITURE DES MOUTONS.

Les progrès de cette affection sont très lents ; la bête qui en est menacée a une démarche languissante, les mouvements faibles ; elle mange peu et rumine d'une manière irrégulière. Plus tard les signes de la maladie deviennent plus évidents, les yeux et la bouche sont décolorés, l'animal a le soir sous la ganache une tumeur que l'on nomme *bouteille* ou *goître*, et qui se dissipe pendant la nuit. Ce symptôme est tout à fait caractéristique de cette maladie. Peu à peu l'animal tombe dans le marasme et périt.

Cette maladie est particulièrement occasionnée par l'humidité des prairies et des bergeries : la rosée, les brouillards, la nourriture trop aqueuse.

Quelques personnes croient qu'une herbe appelée *douve* fait naître la pourriture des moutons ; ce qui a pu donner lieu à cette croyance, c'est que cette plante croit en abondance dans les lieux humides ; car les bêtes à laines n'en font pas leur nourriture ; cette renoncule est un poison pour elles.

Cependant si l'on fait l'ouverture de l'animal après sa mort, on trouve de ces feuilles dans le foie.

TRAITEMENT.

On prévient le développement de la pourriture des

bêtes à laine en évitant les causes qui la font naître. Aux premiers indices de la maladie on mettra du fer dans leur boisson, on leur fera boire en outre des décoctions aromatiques, telles que celles de feuilles de sauge, de lavande, d'hysope, de thym, de baies de genièvre, ou mieux encore du vin que l'on donnera par trois ou quatre cueillerées à la fois. L'usage du sel de cuisine dans les provendes ne peut être que fort avantageux. Une bonne nourriture sèche et de bonne qualité est très nécessaire.

Ces moyens ne peuvent être employés que contre la pourriture commençante, car celle qui est avancée est inévitablement mortelle.

ŒSTRES DU NEZ.

Il y a une espèce de larve qui naît et croit dans le nez des bêtes à laine ; elle est le produit d'une mouche qui dépose ses œufs à l'entrée de cette cavité.

Cette larve, dès qu'elle est éclose, s'enfonce dans les cornets où elle grossit en incommodant beaucoup le mouton. On s'en aperçoit par les efforts qu'il fait pour s'en débarrasser ; il baisse la tête, l'élève, la remue, s'ébroue de temps en temps, et quelquefois tourne comme s'il était atteint du tournis : bien des personnes y sont trompées. Ces larves, nommées *œstres,* sont courtes, arrondies, blanches avec une tache brune à la tête. Quelquefois les bêtes à laine les rendent à force d'éternuer ; pour en faciliter la sortie, ou du moins pour les faire mourir, on fait brûler des vieux cuirs, des vieux souliers dans une bergerie étroite bien bouchée, et où l'on renferme les bêtes que l'on veut traiter, la vapeur fait sortir les larves de leur retraite, ou bien les fait mourir.

DE LA MORSURE DES CHIENS.

Il arrive très fréquemment, malgré toute la vigilance des bergers, que les chiens par leur ardeur, soit en passe, soit en plaine, se jettent sur les moutons et leur font des morsures qui deviennent dangeureuses surtout pendant les chaleurs, si on n'y porte pas remède à temps.

Voici un remède bien simple que j'employais à défaut de térébenthine. Je cueillais du petit mouron à fleurs rouges que l'on trouve partout dans les champs, je le pilais entre deux pierres, ensuite je frottais la plaie avec le jus de cette plante qui a la vertu de chasser les mouches á vers. Je m'en servais également au besoin pour charpie, si la morsure était profonde et si les mouches y avaient déjà déposé leurs œufs, je cueillais une pincée de cette herbe, je la pressurais entre mes doigts en la tortillant, je la posais ensuite dans la plaie, et après deux ou trois opérations qui duraient 4 à 5 jours, la morsure était complétement guérie.

MALADIES COMMUNES AUX PORCS.

DE LA SAIGNÉE DU PORC.

La pratique la plus usitée pour saigner le porc, c'est d'ouvrir avec une lancette, une ou plusieurs des veines qui rampent sous la peau des oreilles ; ou bien encore en coupant une oreille en travers ; ou enfin en excisant une portion de la queue, car il est difficile de saigner cet animal ailleurs, les veines étant dérobées par la couche très épaisse du lard qui se trouve sous la peau.

DE LA LADRERIE.

Maladie caractérisée par le développement, dans le tissu cellulaire, de vésicules, dites ladres, qui se manifestent sous forme de gradulation blanche de forme ovoïde, et qui ne sont autre chose qu'une espèce de ver hydatigène désigné par Rodolphi, sous le nom de Cysticerque ladrique. On trouve ces vers non seulement sur tous les viscères et dans toutes les cavités, mais aussi dans la graisse, le lard, les intervalles des muscles, etc. A l'extérieur, aucun signe extraordinaire ne décèle la présence des vésicules ladres. Le seul auquel on s'attache pour reconnaître et constater l'existence de la maladie, consiste dans l'apparation de vésicules à la langue ; on a aussi parlé de l'enflure des ganaches. Le cochon ladre est plutôt boursoufflé que gras, et c'est en vain que l'on redouble de dépenses pour l'engraisser ; jamais il ne prend un bon lard. La chair n'est pas absolument malsaine ; mais elle est molle, fade, sans goût, prend difficilement le sel ; le lard en est blanc et sans consistance. Les causes de cette affection sont peu connues, et l'art est tout à fait impuissant pour la combattre, ce qui m'empêche pas que l'on trouve dans les livres, une foule de recettes, merveilleuses, dit-on, pour guérir cette maladie.

POURRITURES DES SOIES.

Viborg regarde cette maladie comme affection scorbutique. On trouve chez l'animal qui en est atteint un affaiblissement total des forces vitales qui s'annonce par la lassitude, la paresse et une diminution de l'appétit. La gencive est enflée et flasque, et au moindre contact elle donne écoulement à un sang noirâtre. La peau de l'animal est molle, et le lard qu'elle couvre cède à la pression du doigt. Lorsqu'on arrache des soies, on en trouve les bulbes noirs et sanguinolents, tandis qu'ils sont fauves lorsque le porc est en bonne santé. Les porcs d'engrais sont exposés à cette maladie lorsqu'on les retient renfermés dans des toits ou dans des porcheries où règne un air humide, ou bien lorsqu'on ne varie pas leurs aliments. Le traitement est long et quelquefois infructueux, il vaut donc mieux tuer la bête si elle est suffisamment grasse, car la chair du porc qui est attaqué de cette maladie n'est pas malsaine.

Cependant, si l'on veut essayer un traitement, il faut donner à l'animal une nourriture bonne et substantielle, le faire sortir à l'air libre, lui donner un toit ou une étable propre, mêler tous les jours à sa nourriture de 3 à 6 litres d'une décoction d'une plante amère, telle que : absynthe, trèfle d'eau, écorce de saule ou de chêne, en y associant, d'après le conseil de Viborg, une quantité égale d'un lait de chaux ou une solution de 6 grammes d'alun.

ENGRAVÉE.

Cette affection survient aux porcs auxquels on fait faire de longues marches pour les conduire aux foires et aux marchés.

Le porc engravé pousse des cris et tourmente le troupeau dont il fait partie ; les marchands prennent ordinairement le parti de les vendre ou de s'en débarrasser d'une manière quelconque et je pense que c'est le meilleur moyen.

CHAPITRE IV

CONSEILS AUX BERGERS

Un bon berger est un trésor dans une ferme, aussi les propriétaires et cultivateurs le regardent comme un des plus précieux de leurs domestiques ; aux époques des louées, ils se disputent les hommes capables de bien conduire un troupeau, surtout dans les pays ou l'agriculture est soignée. Il n'est pas rare de voir de bons bergers rester pendant quinze, vingt, trente et même quarante ans chez leur même maître. Le berger Beulay, de la Bouzie, est resté 45 ans dans cette ferme.

Sans un bon berger point de troupeaux productifs, c'est là un principe incontestable.

Un berger, pour être capable de rendre les services qu'on attend de lui, doit être doué de plusieurs qualités importantes, et doit avoir quelques connaissances dans la partie qui le concerne ; il lui faut de la patience et de la douceur, car les animaux qu'il dirige ont peu d'instinct et retombent sans cesse dans la même faute ; il lui faut une vigilance soutenue qui s'étende non seulement sur tout son troupeau en masse, mais encore sur chacune de ses bêtes en particulier ; son œil se promène sans cesse de l'une à l'autre, il voit celles qui ne mangent pas d'un bon appétit, et celles qui ne mangent pas du tout, il s'en approche, les examine de plus près et leur donne des soins particuliers s'il le juge nécessaire ; il ne laisse échapper aucun de ces signes par lesquels se manifeste l'état de santé ou de maladie chez les moutons ; il étudie sans cesse les causes du bien-être ou du malaise qu'éprouvent les animaux ; enfin il met avant tout le soin de son troupeau, il en fait son unique occupation, son seul plaisir. L'activité, surtout dans l'hiver, lui est également indispensable pour préparer et distribuer les diverses rations de nourriture que l'on distribue plusieurs fois chaque jour dans les bergeries bien entretenues. Le courage pour coucher seul au milieu des champs, souvent près des forêts, la force pour transporter le parc qui renferme ses moutons et la cabane qui doit suivre de près, ne doivent pas lui manquer.

Voilà pour ses qualités principales.

Ses connaissances doivent être d'autant plus étendues que le troupeau qui lui est confié est plus précieux.

Il est indispensable qu'il sache reconnaître l'âge des moutons et l'état de leur santé ; il doit pouvoir aider les brebis à mettre bas quand *le part* est difficile et donner aux agneaux les secours que réclame leur faiblesse.

Les portées doubles ne sont pas rares chez l'espèce ovine, surtout chez les bons troupeaux. J'en ai vu chez plusieurs cultivateurs en Beauce, 10 et quelquefois 12 de plus que de mères sur 200 brebis. Ce qui fait plus d'un vingtième.

Souvent les mères élèvent facilement les deux agneaux ; dans le cas contraire, le berger devra donner le second, soit à une chèvre qui serait entretenue dans cette prévision, soit à une autre brebis qui aurait perdu son petit ou bien encore par un allaitement artificiel.

La chèvre acceptera son nourrisson avec facilité, elle l'accueillera avec plaisir, dès qu'il aura tété une seule fois, et présentera sa mamelle sans l'intervention du berger.

L'agneau nouveau-né doit être placé près de sa mère, qui l'essuie en le léchant ; si elle n'était point disposée à remplir cette fonction, le berger devrait l'y encourager en répandant sur le nouvel animal du sel, une poignée de son, un peu de moutarde ou quelque substance farineuse.

Si *le part* a lieu dans les champs le petit doit être essuyé et doucement frotté par le berger avec du foin ou avec son manteau. Quelques moments après l'agnellement, le berger place l'agneau près du pis de sa mère, il lui entr'ouvre la bouche et y fait couler quelques gouttes de lait exprimé du mamelon ; puis il lui place le mamelon entre les lèvres, et il examine s'il tête convenablement. Si la brebis accepte avec répugnance son petit, ou qu'elle ne veuille pas le voir du tout, le berger peut employer un moyen bien simple pour le faire aimer de sa mère. On prépare avant l'agnellement quatre petites séparations aux quatre coins de la bergerie où sont les mères, de sorte que si une mère délaisse son petit, on les placera tous les deux de suite, dans une de ces petites cellules et bientôt elle le reprendra en amitié. Avant de présenter l'agneau à la mère pour le faire téter, le berger lui appliquera un peu de moutarde sur le croupion.

On a souvent besoin d'avoir recours à un allaitement artificiel, dans ce cas on prend une bouteille munie d'un biberon, on l'emplit de lait de vache, ou bien encore un plat, ce qui est plus commode. On baisse la tête de l'agneau sur le plat, on lui passe un doigt dans la bouche, et croyant tenir le mamelon de sa mère, il aspire le lait avec plaisir; quelques jours après, on lui retire les doigts peu à peu, et il s'accoutume à boire seul, sans qu'on ait besoin de le tenir.

Il est prudent de mêler au lait de vache un peu d'eau, et de le présenter à la même température que s'il sortait de la mamelle.

Il faut encore que le berger soit capable de préjuger sainement de l'avenir des jeunes élèves, afin de conserver toujours pour la reproduction ceux qui rempliront le mieux le but vers lequel on tend.

Les opérations chirurgicales, telles que la saignée, la clavelisation, le piétin, le chancre, l'araignée, etc., appartiennent au berger. Quand l'animal est mort, c'est encore le berger qui doit lui enlever sa dépouille et la conserver jusqu'à la vente, c'est lui aussi qui abat et dépèce les bêtes destinées à la consommation.

Un bon berger ne doit jamais maltraiter ses chiens qui sont ses aides et fidèles compagnons, il doit les diriger en mêlant la douceur et la sévérité; s'il joue de quelque instrument, le pacage de ses moutons se fera avec plus d'ensemble.

Il est très utile qu'un berger sache lire et écrire afin de procéder facilement au numérotage des mères et des petits au moment de l'agnellement, ensuite à la tenue d'un registre double pour inscrire la perte de ses moutons, par la suite de la maladie décrite.

Enfin, il doit savoir saigner ses moutons au moins dans deux endroits : à la joue (à la veine angulaire), et à l'anus-cutané de l'abdomen, cette veine se trouve sur les parties latérales et inférieures du ventre, où on la voit très distinctement ; on combat l'araignée en opérant des saignées à cette veine.

Quant à la saignée de la veine angulaire à la joue du mouton, elle est la plus facile, et expose à bien moins d'inconvénients que toutes les autres. C'est pourquoi M. Daubenton la conseille aux bergers :

« Cette saignée, dit-il, se fait sur le bas de la joue du « mouton, au niveau de la racine de la quatrième dent « machelière. L'espace qu'elle occupe est marqué sur la « face externe de l'os de la mâchoire de dessus par un « tubercule assez saillant pour être très sensible au doigt « lorsqu'on touche la peau de la joue. Ce tubercule est un « indice très certain pour trouver la veine angulaire qui « passe au-dessous. Cette veine s'étend depuis le bord

« inférieur de la mâchoire de dessous, près de son angle « jusqu'au-dessous du tubercule, dont je viens de parler. « Plus loin, la veine se recourbe et se prolonge jusqu'au « trou sourciller.

« Pour faire la saignée à la joue, le berger commence « par mettre entre ses dents une lancette ouverte ; en- « suite il place le mouton entre ses jambes, et il le serre « pour l'arrêter. Il tient son genou gauche plus avancé « que le droit, il passe la main gauche sous la tête de « l'animal et il empoigne la mâchoire de dessous, de « manière que ses doigts se trouvent sur la branche droite « de cette mâchoire, près de son extrémité postérieure, « pour comprimer la veine angulaire qui passe dans cet « endroit et pour la faire gonfler. Le berger touche de « l'autre main la joue droite du mouton, à l'endroit qui « est à peu près à égale distance de l'œil et de la bouche. « Il y trouve le tubercule qui doit le guider ; il peut aussi « sentir la vaine angulaire gonflée au-dessus de ce tuber- « cule. Alors il prend de la main droite la lancette qu'il « tient dans sa bouche et il fait l'ouverture de la saignée « de bas en haut à un demi-travers de doigt au-dessous « du milieu de l'éminence qui lui sert de guide. »

Cette manière de saigner a beaucoup d'avantage en ce qu'elle ne salit aucunement la laine des moutons en même temps qu'on n'a pas besoin de la couper.

FIN

Blois. — Imprimerie J. Marchand, rue Haute, 2.

www.ingramcontent.com/pod-product-compliance
Ingram Content Group UK Ltd.
Pitfield, Milton Keynes, MK11 3LW, UK
UKHW021029180726
13838UKWH00004B/1695